ENQUÊTE AGRICOLE

RÉPONSES

DU

COMICE DE THOUARCÉ

(Maine et Loire)

AU QUESTIONNAIRE

ANGERS
IMPRIMERIE P. LACHÈSE, BELLEUVRE ET DOLBEAU
Chaussée Saint-Pierre, 13

1867

ENQUÊTE AGRICOLE

ENQUÊTE

SUR

LA SITUATION ET LES BESOINS DE L'AGRICULTURE

QUESTIONNAIRE GÉNÉRAL.

Réponses faites par le Comice agricole du canton de Thouarcé.

I.

CONDITIONS GÉNÉRALES DE LA PRODUCTION AGRICOLE.

§ 1 *État de la propriété territoriale.*

1. De quelle manière est divisée la propriété territoriale dans la contrée sur laquelle porte l'enquête?

Quelles sont les étendues de terrains qui, dans la contrée, sont considérées comme constituant les grandes, les moyennes et les petites propriétés?

Quelles sont les proportions relatives de ces diverses natures de propriétés?

Le canton de Thouarcé est composé de vingt communes, contenant ensemble une superficie de 30,105 hectares 47 ares 20 centiares, divisée en terres arables, prairies, bois et vignes. Les terres incultes y sont inconnues. Les contributions foncières et centimes additionnels s'élèvent en 1866 à 235,375 fr. 69 c. — Ces chiffres sont extraits de l'excellente carte du canton, de M. Raimbault, membre du comice. La population est de 18,901 habitants, payant en moyenne une contribution foncière de 12 fr. 40 c. par tête, les prestations non comprises.

La petite rivière du Layon, qui se jette dans la Loire à Chalonnes, divise le canton en deux parties très-distinctes, différentes d'usages et de culture. Ainsi la partie sud, composée des communes les plus étendues, est généralement divisée en fermes de vingt à quarante hectares. Les petites fermes ou borderies, et les terres volantes, atteignent à peine le tiers de la superficie. Au nord du canton, au contraire, excepté les deux forêts de Brissac et des Marchais, d'une étendue de 1,600 hectares environ, la petite propriété atteint les quatre cinquièmes au moins de la contenance totale.

Toute exploitation au-dessous de vingt hectares est considérée comme une petite propriété; une étendue de vingt à cent hectares comme une moyenne; au-dessus de cent hectares comme une grande propriété.

2. Quelle influence les changements qui ont pu avoir lieu depuis les trente dernières années dans la division de la propriété ont-ils exercée sur les conditions de la production?

Les changements qui ont eu lieu depuis les trente dernières années dans la division de la propriété, n'ont pas exercé d'influence notable sur les conditions de la production, qui a plutôt augmenté que diminué dans toutes les communes, où les fermes de dix à quarante hectares occupent la plus grande étendue du sol. Dans les communes où la terre est plus divisée, la récolte pour la petite propriété s'élève rarement à 15 hectolitres par hectare. Elle est de 18 à 20 dans les exploitations d'une certaine étendue. L'augmentation de la grande culture compense largement dans le canton la diminution de la petite.

3. En quelle proportion compte-t-on, parmi les ouvriers agricoles, ceux qui, propriétaires de lots de terre plus ou moins importants, travaillent alternativement pour eux et pour les autres?

Tout propriétaire de deux hectares et au-dessus travaille rarement pour autrui. Les autres se gagent ordinairement pendant l'été. La proportion des ouvriers agricoles, possédant moins de deux hectares, est au total des ouvriers comme vingt est à un.

§ 2. *Mode d'exploitation.*

4. Quels sont les divers modes d'exploitation du sol? Dans quelles proportions existent la grande, la moyenne et la petite culture?

Voir les réponses précédentes.

5. Les grands propriétaires, les propriétaires moyens et les petits propriétaires exploitent-ils généralement par eux-mêmes ou font-ils exploiter sous leurs yeux et à leur compte?

Les grands propriétaires afferment presque tous leurs terres, en réservant toutefois un domaine de dix à trente hectares. Le quart environ des propriétaires moyens exploitent leurs champs; la petite propriété les cultive généralement par elle-même.

6. Quelle est, parmi les grands, moyens ou petits propriétaires, la proportion de ceux qui louent leurs terres à des fermiers ou les font cultiver par des métayers ?

Dans le canton de Thouarcé, la proportion des propriétaires qui louent leurs fermes à prix d'argent est à ceux qui se font payer en nature de trente à un.

7. Lorsque le régime du métayage existe, est-il d'usage qu'il y ait pour plusieurs domaines un fermier général servant d'intermédiaire entre les propriétaires et les métayers ?

Grâce à Dieu le fermier général est inconnu dans le canton de Thouarcé, les propriétaires sont en rapport direct avec leurs fermiers.

§ 3. *Transmission de la propriété.*

8. Quels sont, pour les différentes espèces de propriétés et pour les divers genres d'exploitation, les prix de vente des terres suivant leur qualité, les variations que ces prix ont pu subir depuis un certain temps en remontant à trente ans au moins, et les causes de ces variations ?

Dans les communes de grande propriété du canton, le prix depuis trente ans a généralement augmenté de 50 pour cent. Dans les communes de petite propriété, où le détail est facile, il a subi une proportion enoerc plus grande.

Voir pour les prix de vente l'article 10.

9. Les domaines sont-ils ordinairement conservés dans une seule main au moyen d'arrangements de famille particuliers, ou sont-ils divisés entre les enfants ou les héritiers à la mort du chef de famille, ou enfin sont-ils habituellement vendus ? Quelles sont les conséquences produites dans l'un ou dans l'autre cas ?

Les domaines sont généralement partagés à la mort du père de famille. Il en résulte une augmentation constante de parcelles imposables. Cet inconvénient est cependant moins grand dans la partie du canton située sur la rive gauche du Layon, où presque tous les champs sont clos de haies. Sur la rive droite, dans certaines communes, la division du sol atteint sa dernière limite.

10. Les ventes de terre ont-elles lieu plus particulièrement en bloc ou au détail? Dans quelles proportions se pratiquent ces deux modes de vente? Quelles sont les différences de prix suivant que l'un ou l'autre est employé?

Les ventes de terre ont lieu en détail, partout où il y a avantage pour le vendeur, c'est-à-dire partout où la propriété à vendre est à la proximité de villages ou de propriétaires et de fermiers aisés : la différence de prix en cas de rivalité est souvent énorme. Ainsi l'hectare qui vaut en moyenne de 2,000 à 2,500 fr., atteint quelquefois le prix de 4,000 fr. et plus.

§ 4. *Conditions de location de la propriété.*

11. Quels sont les prix de location des terres suivant leurs diverses qualités et dans les différents modes de constitution et d'exploitation de la propriété? Quelles variations ces prix ont-ils subies depuis trente ans au moins et quelles ont été les causes de ces variations?

Le prix de location des terres varie en ferme de 50 à 70 fr. l'hectare. Le prix des terres volantes est d'un quart plus élevé. Car le pauvre journalier qui les loue ordinairement ne compte jamais son travail ni celui de sa femme et de ses enfants, s'il peut y nourrir une vache, avoir un peu de beurre et de lait. Le prix de location des terres a augmenté en moyenne de quarante pour cent pour la grande propriété et de trente pour la petite; les causes de ces variations sont la dépréciation des valeurs monétaires et la facilité des transports.

12. Quelles sont les conditions des baux à ferme, leur durée habituelle, les obligations qu'ils imposent aux fermiers indépendamment du payement des fermages, notamment sous le rapport des redevances de toute espèce? Quelles sont le plus habituellement la nature et la valeur de ces redevances? Quelles modifications ont eu lieu dans les baux, sous ce dernier rapport particulièrement, depuis trente ans environ?

La durée des baux est généralement de neuf ans. La clause de trois, six, neuf qui est quelquefois introduite comme garantie par le propriétaire, est rarement exercée dans la grande propriété et plus souvent dans la moyenne et la petite. Le fermage est généralement à prix d'argent, sauf quelques charrois et quelques volailles. Les redevances en blé, assez générales il y a trente ans, ont diminué dans une grande proportion.

13. Quels sont les divers modes de payement du prix de location des terres par les fermiers? Ce payement se fait-il pour la totalité ou pour partie, soit en argent, soit en nature? Pour le payement en argent, le prix est-il fixé d'avance et reste-t-il invariable pendant toute la durée du bail, ou se règle-t-il d'après le cours des grains constaté par les mercuriales? Pour le payement en nature, quelles conditions spéciales sont imposées?

Le paiement des fermiers se fait ordinairement en deux termes égaux, il ne varie pas pendant la durée du bail. Nous avons dit que les paiements en nature deviennent de plus en plus rares.

14. Quelles sont les clauses et conditions des contrats de métayage?

Nous avons dit que le métayage n'existait dans le canton qu'à titre d'exception. Dans ce cas les grains et le prix des bestiaux se partagent également. La chaux, les engrais étrangers et les impôts sont partagés par le fermier et le propriétaire. Quelques redevances de volailles sont seules exigées. Les bestiaux appartiennent pour la moitié au fermier.

§ 5. *Capitaux.* — *Moyens de crédit.*

15. Quel est le montant du capital de première installation dans une exploitation d'une importance donnée, et quel est le montant du capital de roulement?

Pour qu'un fermier puisse se monter facilement dans une ferme de trente hectares payant 1,500 francs nets de fermage, il lui faut un capital en bestiaux, charrettes, instruments de labour, mobilier, etc., de cinq fois au moins le prix de location, c'est-à-dire 7 à 8,000 francs, dont 1,500 fr. pour frais de roulement. Peu de jeunes gens se mettent en ferme avec ce capital. Ils le complètent peu à peu et péniblement avec l'aide de leurs parents, de la conduite et du travail.

16. Ces capitaux suffisent-ils aux besoins de la culture, au perfectionnement des procédés agricoles et à l'amélioration des terres?

Voir la réponse précédente.

17. Si les capitaux n'existent pas ou ne se trouvent pas en quantités suffisantes entre les mains de ceux qui possèdent les propriétés rurales ou qui les exploitent, comment ceux-ci peuvent-ils se les procurer? Quelles facilités ou quels obstacles rencontrent-ils à cet égard?

La petite propriété peut alors difficilement emprunter, si ce n'est à hypothèque.

18. A quel taux l'argent qui leur est nécessaire leur est-il habituellement fourni?

L'argent est avancé par le notaire du lieu à cinq pour cent. Mais avec les frais d'actes, de renouvellement et d'hypothèque, l'intérêt s'élève à près de sept. Les prêteurs ne se trouvent même que difficilement; ils craignent naturellement qu'en cas d'expropriation les frais ne restent à leur charge. C'est alors plus à la bonne réputation qu'à la terre qu'ils font des avances.

19. Dans le cas où la situation actuelle du crédit agricole serait considérée comme défectueuse, par quels moyens et par quelles modifications à la législation existante serait-il possible de l'améliorer?

Le crédit agricole est encore à fonder; car le Crédit foncier ne pénétrera jamais dans nos campagnes, en dehors de la grande propriété. Le meilleur moyen, le seul peut-être de l'établir, est de diminuer les frais d'expropriation, de manière à donner toute sécurité aux prêteurs. Tant que les frais d'une expropriation pour la somme de 500 fr. à 1,000 francs, dépasseront ou égaleront à peu près la somme due, comme le constatent chaque année la statistique et le Journal du Notariat, les prêteurs seront rares; car ils savent très-bien qu'en cas d'insolvabilité ces frais resteront à leur charge. Quelle est d'ailleurs la moralité d'un régime où l'État s'arrange pour absorber à son profit ou en frais de justice cent pour cent de la somme due? N'est-ce pas de l'usure au premier chef? Nous ne pouvons trop appeler l'attention du gouvernement sur cette question, cause de ruine pour un grand nombre de petits propriétaires; la législation qui règle le crédit foncier a évité la plus grande partie de ces frais ; pourquoi ne serait-elle pas appliquée aux emprunts ordinaires ?

20. Les emprunts faits par les propriétaires ou les exploitants du sol sont-ils consacrés exclusivement à l'amélioration des terres et au développement de la culture ?

Rarement les emprunts faits par les propriétaires sont consacrés à l'amélioration des terres et de la culture. Chez les petits propriétaires, ils sont généralement destinés à payer des acquisitions faites sans argent ; chez les grands propriétaires, à payer des dépenses de luxe. Ce n'est guère que chez les fermiers qu'ils trouvent le plus généralement un emploi utile : ils leur servent alors à compléter le nombre de leurs bestiaux ou à exonérer des enfants qui doivent les aider dans leur culture. Il y a cependant dans les deux premières classes, et surtout dans la seconde, de nombreuses exceptions.

Il faudrait que des établissements de crédit pussent se fonder et prêtassent à 4 pour cent, tous frais payés.

21. Quelle est aujourd'hui, comparée à ce qu'elle était à d'autres époques, la situation hypothécaire de la propriété rurale ? Quelle est particulièrement cette situation pour le propriétaire exploitant et pour le propriétaire non exploitant ?

La dette hypothécaire du canton de Thouarcé a suivi depuis trente ans une progression ascendante. Comme le canton n'a ni manufacture, ni grande industrie, que sa richesse est uniquement celle de la terre, sa dette ne peut être attribuée qu'à la gêne actuelle de l'agriculture et aux nombreuses ventes en détail qui ont eu lieu dans le canton.

22. Quelle a été l'influence exercée sur l'emploi des capitaux et des épargnes agricoles par le développement qu'a pris la fortune mobilière, et par la création de valeurs de toute nature?

Les valeurs de bourse, les fonds de l'État, les actions de chemins de fer, ont pénétré dans le canton de Thouarcé comme partout ailleurs, mais plus lentement peut-être. Longtemps ces valeurs y ont été inconnues ; elles le sont encore du fermier et du petit propriétaire.

§ 6. *Salaire. — Main-d'œuvre.*

23. Les salaires des ouvriers de la culture, ont-ils augmenté, et dans quelle proportion ?

Le salaire des domestiques de ferme a augmenté depuis trente ans de 75 pour cent.

24. En a-t-il été de même des salaires des ouvriers et des domestiques autres que les domestiques employés pour la culture?

Même proportion pour les ouvriers et les domestiques non employés à la culture.

25. Quelles sont les causes de l'augmentation des salaires ?

L'augmentation du prix des denrées, la diminution des valeurs monétaires, le désir bien légitime d'être mieux logé, mieux nourri et mieux vêtu, et le besoin des jouissances matérielles.

26. Le personnel agricole a-t-il diminué? Le nombre des ouvriers ruraux est-il en rapport avec les besoins de la culture, ou est-il devenu insuffisant?

Le personnel agricole a sensiblement diminué ; il devrait être, sans compter le chef de famille, d'un homme par dix hectares d'exploitation. Ainsi une ferme de trente hectares bien cultivée devrait compter quatre hommes et deux femmes pour la cultiver, non compris un domestique d'été. Ce chiffre n'est pas atteint, et le nombre des ouvriers ruraux n'est plus en rapport avec les besoins de la culture.

27. S'il y a insuffisance d'ouvriers agricoles, quelles en sont les causes?

L'insuffisance d'ouvriers agricoles se fait sentir chaque année de plus en plus; les vignerons à tâche deviennent surtout difficiles à trouver : plusieurs propriétaires ont pris l'excellent parti de les intéresser dans leurs récoltes. L'extension des travaux publics et des embellissements des villes en est la cause principale.

28. Le mouvement d'émigration des populations rurales vers les villes et l'abandon du travail des champs pour le travail industriel, se sont-ils produits dans des proportions sensibles?

Moins dans le canton de Thouarcé, où il n'y a d'industrie que celle de la terre, que partout ailleurs. — Cependant l'émigration augmente chaque année.

29. En cas d'affirmative, quelle est la proportion, dans ce mouvement d'émigration, entre le nombre des hommes seuls, celui des ménages et celui des femmes ou des filles seules?

Peu de ménages émigrent, à moins d'y être forcés par le chômage. Quelques jeunes gens et quelques jeunes filles, domestiques, couturières et lingères, abandonnent seuls leur village pour la ville, ainsi que les soldats qui ont terminé leur service.

30. Les ouvriers qui émigrent des campagnes vers les villes sont-ils des terrassiers ou des ouvriers agricoles? Appartiennent-ils, au contraire, à des corps d'état tels que maçons, charpentiers, etc. ou à la classe des domestiques de maison?

Les ouvriers qui émigrent appartiennent à toutes les classes.

2

31. Le manque de bras, là où il se fait sentir, provient-il uniquement de la diminution du nombre des ouvriers agricoles ? Ne résulte-t-il pas, dans une certaine mesure, des progrès de l'agriculture, et, notamment, de l'extension donnée aux cultures industrielles dont les travaux sont plus multipliés et exigeraient, dès lors, un personnel plus considérable pour une même surface cultivée ?

Le manque de bras ne vient pas de l'extension des cultures industrielles, qui se bornent dans le canton à des pépinières et à un petit nombre d'hectares de plantes médicinales.

32. L'insuffisance des ouvriers agricoles ne provient-elle pas aussi de ce qu'un certain nombre d'entre eux, devenus propriétaires, travaillent une partie du temps sur leur propriété et n'offrent plus leurs services ou les offrent moins à ceux qui les employaient autrefois ?

Cette cause a peu d'influence.

33. L'insuffisance ne peut-elle pas être attribuée en partie à ce que les familles seraient moins nombreuses aujourd'hui qu'autrefois ?

Dans les communes où la propriété est le moins divisée, les familles, à peu d'exceptions près, sont aussi nombreuses qu'autrefois ; elles sont moins nombreuses dans les communes où la petite propriété domine.

34. Quelle a été l'influence exercée sur la diminution du personnel agricole, sur le taux des salaires et de la main-d'œuvre par l'emploi des machines dans l'agriculture ? L'emploi de ces machines s'est-il déjà étendu dans la contrée et a-t-il une tendance à se vulgariser de plus en plus ?

Influence nulle. Les machines à battre sont les seules dont l'emploi tend à s'étendre. La division du sol en champs peu étendus entourés de haies vives, et les pentes des coteaux, ne permettent que difficilement l'emploi des nouvelles machines ; les meilleures charrues se multiplient du reste tous les jours.

35. L'usage des machines à battre, particulièrement, n'a-t-il pas enlevé du travail aux ouvriers agricoles à une certaine époque de l'année, et ces ouvriers n'ont-ils pas dû exiger une augmentation de salaire pour les autres travaux ? N'y a-t-il pas là aussi une cause d'émigration ?

Réponse négative.

36. La manière de moissonner n'a-t-elle pas subi des modifications et n'exige-t-elle pas un personnel moins nombreux que par le passé?

Réponse négative : un petit nombre de fermiers commencent cependant à employer la faux à moissonner.

37. La somme de travail, obtenue des ouvriers agricoles, est-elle plus ou moins considérable que par le passé?

A peu près égale.

38. Les conditions d'existence de cette partie de la population se sont-elles améliorées? S'est-il produit des modifications favorables dans la manière dont elle est nourrie, dont elle est vêtue et logée? Son bien-être général s'est-il accru, et dans quelle mesure?

L'instruction primaire est-elle dirigée dans un sens favorable à l'agriculture, et quelle est son influence sur le choix des professions?

Les sociétés de secours mutuels sont-elles suffisamment répandues dans les campagnes?

L'assistance publique y est-elle convenablement organisée?

Sans aucun doute nos domestiques de ferme, nourris à la table de nos fermiers, ont partagé leur bien-être : d'abord le pain de froment a partout remplacé le pain de seigle; la viande est plus abondante et plus fréquente; les vêtements sont plus élégants, si ce n'est d'un drap meilleur, et le logement de la famille est plus aéré et plus sain. Nous regrettons de dire que l'instruction primaire est complétement étrangère aux plus simples notions d'agriculture; on y apprend l'histoire, la grammaire, les règles de proportions, le toisage, l'arpentage théoriquement plutôt que pratiquement. Mais on n'a pas une parole pour faire aimer les champs et tout ce qui a rapport à la culture. On forme des ouvriers de ville, des clercs de notaires et d'huissiers, et non des laboureurs. C'est un tort et une lacune.

Les sociétés de secours mutuels composées d'ouvriers commencent à se répandre dans les gros bourgs ; une seule société de laboureurs existe dans le canton, elle a pour but une assurance *en nature* contre l'incendie pour les pailles, fourrages et grains brûlés ; ses membres travaillent en outre les uns pour les autres en cas de maladies frappant les fermiers ou leurs bestiaux. Elle a ses réunions et ses fêtes religieuses.

La charité privée vient en aide à l'assistance publique assez mal organisée dans le canton ; le pauvre qui souffre est toujours assuré d'avoir des secours et du pain.

39. S'est-il opéré des changements dans l'état moral des ouvriers de la campagne ? Leurs relations avec ceux qui les emploient sont-elles moins faciles qu'autrefois ? Quels sont les résultats et les causes des changements survenus sous ce rapport ?

Les relations des ouvriers des campagnes avec les fermiers et propriétaires sont moins faciles qu'autrefois. Cependant un maître raisonnable et juste est toujours assuré d'avoir, en les payant bien, des ouvriers honnêtes et laborieux. L'immoralité et l'ivrognerie exercent sur les domestiques de fermes et ouvriers agricoles de funestes ravages.

40. Y aurait-il avantage à étendre aux ouvriers agricoles les dispositions de la loi du 22 juin 1854 relative aux livrets ?

Oui.

41. Le nombre des ouvriers nomades qui viennent se mettre à la disposition des cultivateurs pour les grands travaux de la moisson et de la vendange, est-il plus ou moins considérable aujourd'hui que par le passé ? Quelle influence les faits de cette nature exercent-ils sur la condition des ouvriers sédentaires et sur leurs rapports avec ceux qui les emploient ?

Il n'y a pas dans notre canton d'ouvriers nomades.

§ 7. *Engrais. — Amendement des terres.*

42. Quels sont les divers engrais ou amendements dont l'agriculture fait usage dans le pays ?

La chaux, qui a renouvelé l'agriculture dans le canton ; ensuite le noir animal, excellent pour les navets et les choux ; les guanos et les phosphates sont à peine connus de nom. Dans plusieurs communes, on fait usage avec profit du sable coquillier, qui se trouve immédiatement au-dessous de la terre végétale dans plusieurs communes.

43. La production du fumier est-elle suffisante ? Y a-t-il besoin d'y suppléer par l'achat d'engrais naturels ou artificiels ?

La production du fumier a singulièrement augmenté, doublé peut-être, par l'engraissement à l'étable des bêtes à cornes. Mais elle doit s'enrichir encore de tous les amendements et engrais artificiels favorables à une bonne culture.

44. Pour une étendue donnée de terres, combien a-t-on ordinairement de chevaux, d'animaux de race bovine, ovine, porcine, etc. ? Ce nombre est-il ce qu'il devrait être eu égard à l'importance de l'exploitation ? Est-il suffisant pour donner la quantité de fumier nécessaire ? S'il ne l'est pas, quelles sont les circonstances qui s'opposent à ce qu'il atteigne la proportion voulue ?

Un très-petit nombre de fermes, ayant des terres et

des prés exceptionnels, atteignent le chiffre d'une bête à corne ou d'un cheval à l'hectare. Ordinairement un bon fermier ou agriculteur compte dans un domaine de trente hectares, vingt ou vingt-deux bêtes à cornes de tout âge, trois chevaux, huit ou dix moutons et deux cochons. Ce nombre de bestiaux bien nourris à l'étable pendant l'hiver et une partie du printemps, est suffisant pour donner la quantité de fumier nécessaire à une bonne culture. Deux ou trois cents hectolitres de chaux éteinte dans des terreaux, sont ajoutés chaque année aux fumiers de la ferme.

Dans toutes les autres fermes où le bétail est moins considérable, la quantité de fumier n'est pas suffisante ; elles forment les trois quarts des fermes du canton.

45. Quels sont les frais que l'agriculture a à supporter pour l'achat d'engrais naturels ou artificiels? Trouve-t-elle à cet égard des facilités et des garanties suffisantes? Que pourrait-il être fait pour augmenter ces facilités et ces garanties ?

De nombreux fours à chaux donnent à bon marché, 90 cent. l'hectolitre, ce précieux amendement qui a transformé en terres à froment toutes nos anciennes terres à seigle, et a permis de couvrir nos coteaux de choux magnifiques. Des marchands fripons ont souvent fraudé le noir animal employé à la culture des navets. Mais ils ont été bientôt connus, et ce commerce est généralement aujourd'hui exploité par d'honnêtes gens.

Intervention du gouvernement auprès des compagnies de chemins de fer pour obtenir des tarifs réduits pour le transport des engrais de toute espèce.

46. A quelles dépenses l'agriculture de la contrée a-t-elle à faire face pour le chaulage, le marnage ou autres amendements des

terres, et quelles difficultés peuvent s'opposer à ce qu'on se procure les matières les plus propres à améliorer la qualité du sol et à augmenter sa force de production?

La dépense du chaulage est estimée à 20 francs par hect. ensemencé; le mauvais état des chemins ruraux rend difficile l'approche des engrais.

§ 8. *Autres charges de la culture.*

47. Quels sont les frais accessoires que supporte la culture pour la construction et l'entretien des bâtiments ruraux et leur assurance contre l'incendie? Comment ces frais se répartissent-ils entre les propriétaires des biens ruraux et ceux qui les exploitent?

La construction et les grosses réparations des bâtiments ruraux sont à la charge des propriétaires. L'assurance contre l'incendie entre ordinairement dans le prix du bail. Presque partout les propriétaires, d'accord en cela avec leur devoir et leurs intérêts, ont ajouté aux anciens bâtiments des constructions nouvelles. Les fermiers sont chargés des charrois.

48. Quelles sont les charges qu'imposent aux cultivateurs l'assurance de leurs récoltes contre l'incendie ou la grêle et l'assurance contre la mortalité des bestiaux?

Les cultivateurs et fermiers commencent à assurer contre l'incendie leurs récoltes et valeurs mobilières. Peu les assurent contre la grêle et la mortalité des bestiaux; presque toutes les compagnies qui se sont présentées jusqu'ici dans notre canton n'offraient pas de garanties sérieuses.

49. Quels sont les frais d'achat et d'entretien du matériel agricole?

Il faut dans une ferme de trente hectares deux charrettes, une à bœufs et une autre à cheval, une petite charrette pour les choux, deux charrues ordinaires, une autre à deux versoirs, deux herses, trois colliers pour les chevaux avec leurs traits, des jougs, des scies, pelles, tranches, bicornes, brouettes, câbles pour maintenir le foin et les gerbes ; le tout pouvant monter à une somme de 1,500 fr. d'achat, et à 150 fr. d'entretien annuel. Cette somme est à la charge du fermier.

50. Quelles sont les autres charges qui incombent à l'agriculture?

Les prestations en nature, le forgeron, le ferrage des chevaux, le vétérinaire, etc., ce dernier se paye souvent par un abonnement en argent ou en grains.

II.

CONDITIONS SPÉCIALES DE LA PRODUCTION AGRICOLE.

§ 9. *Procédés de culture. — Assolements.*

51. Quels sont, aujourd'hui, pour la grande, la moyenne et la petite culture, les divers modes d'assolement, et particulièrement ceux qui sont le plus fréquemment suivis?

L'assolement triennal est généralement suivi dans le canton par la grande et moyenne propriété. La culture des choux, des navets et des autres plantes sarclées, toujours abondamment graissées, fait disparaître les inconvénients de cet assolement, qui est du reste d'accord avec la durée des baux. La petite culture emploie ordinairement l'assolement biennal.

52. Quelles modifications ont été apportées, sous ce rapport, à l'ancien état de choses?

L'ancien état de choses était fondé sur la jachère et

la pâture ; aujourd'hui, toutes les terres sont en valeur.

53. Quelle est l'étendue des terres affectées à chaque culture ? La proportion qui existe entre les différentes cultures est-elle motivée par la nature du sol et par la qualité des terres, ou est-elle déterminée par les facilités qu'offre le placement de certains produits? Doit-elle être considérée comme étant la plus profitable au producteur, et si elle n'est pas ce qu'elle devrait être, quelles sont les circonstances qui mettent obstacle à ce qu'elle soit modifiée?

Dans une ferme bien faite, sur trente hectares dont quatre en prairies, on compte ordinairement dix hect. en froment, quatre en choux ou navets, deux en pommes de terre et betteraves, deux en avoine et en orge, deux en vesceau, quatre en trèfle et deux autres en lin, colza, jardinage, aire, mare, cour, chemin d'exploitation et bâtiments. Une culture de cette nature conduite par des fermiers intelligents, ne paraît pas devoir être modifiée.

54. Quels ont été, depuis un certain nombre d'années, en remontant à trente au moins, les progrès accomplis et les améliorations réalisées dans la culture du sol?

Il y a trente ou quarante ans, la moitié au moins du sol était semé en seigle ; le seigle a disparu, les trèfles ont doublé en étendue, les plantes sarclées triplé, les bestiaux mieux nourris ont augmenté d'un tiers.

55. Dans quelle mesure les divers procédés agricoles se sont-ils perfectionnés?

Voir les réponses précédentes.

§ 10. *Défrichements.*

56. Quelle a été l'importance des travaux de défrichements opérés dans la contrée, et quel en a été le résultat?

Les landes et les terres incultes ont complétement disparu et ont acquis par la bonne culture la valeur des terres médiocres.

57. Quelle est l'étendue des landes et autres terres incultes?

Nulle.

58. Quelles sont les causes qui se sont opposées, jusqu'à présent, à ce qu'elles aient été mises en valeur?

Elles ont été partout mises en valeur, mais donnent de médiocres produits.

§ 11. *Desséchements.*

59. Quelle a été l'étendue des desséchements opérés dans la contrée depuis les trente dernières années, et quel en a été le résultat?

Le sol ne présentait pas de marécages à dessécher; quelques terres mouillées, quelques bois et surtout des prés demandaient à être assainis et drainés. Il reste toujours de nombreuses améliorations à faire.

60. Quels obstacles la législation pourrait-elle opposer à ce qu'ils prissent plus de développement?

La législation sur les desséchements est suffisante.

§ 12. *Drainage.*

61. Quelle est, dans la contrée, l'étendue des terres auxquelles le drainage pourrait être utilement appliqué?

A peine un centième des terres du canton.

62. Quel a été, jusqu'à présent, le développement donné à cette pratique agricole? Quels en ont été les résultats?

Quelques propriétaires ont presque seuls entrepris des travaux de drainage; les résultats ont toujours été satisfaisants. Le comice donne des primes à ces travaux; un seul fermier jusqu'ici a été primé au concours du comice.

Développement peu considérable.

63. Quelles sont les circonstances qui ont pu s'opposer à ce qu'elle prît plus d'extension?

Le fermier regarde avec raison comme une dépense des propriétaires les travaux de drainage, et comme peu de terres en ont besoin, le propriétaire néglige le peu qui reste à faire.

§ 13. *Irrigations.*

64. Quel est l'état des irrigations dans la contrée? Sont-elles naturelles ou artificielles?

Toutes les irrigations du canton, excepté celles de quatre ou cinq hectares, sont naturelles.

65. Les irrigations naturelles par débordement ont-elles diminué ou augmenté.

Le canton n'a pas eu à souffrir des débordements des rivières et ruisseaux qui le traversent.

66. Quels sont les obstacles qui ont pu s'opposer à l'extension de la pratique des irrigations dans les terres où elles seraient utiles?

Les seuls obstacles sont ceux d'une nouvelle jurisprudence adoptée depuis quelques années en opposition avec des arrêts antérieurs, qui enlève aux riverains pour la donner à l'État la disposition des cours d'eau non navigables, entoure de formalités administratives et fiscales tous les travaux d'irrigation, exige l'autorisation du préfet pour le moindre barrage d'irrigation, les soumet aux visites des ingénieurs, des conducteurs des ponts-et-chaussées et même des cantonniers, jusque dans les parcs et enclos fermés de murs.

67. Quelle influence favorable ou contraire le régime actuel des eaux peut-il exercer sur le progrès des irrigations?

Voir la réponse précédente.

§ 14. *Prairies et cultures fourragères.*

68. Quelle est, dans la contrée, l'étendue relative des prairies naturelles?

L'étendue des prairies naturelles n'atteint guère que la dixième partie des terres arables.

69. Quel est le rendement moyen en fourrages des prairies naturelles? Quel est le prix de vente de ces fourrages depuis dix ans?

Trois charretées environ à l'hectare, ou 3,150 kilog. de foin. Prix du quintal métrique, 6 francs.

70. Quelle est l'étendue relative des terres cultivées en prairies artificielles?

Un douzième environ en comptant les trèfles.

71. Quels sont les frais de culture de ces prairies pour une étendue donnée en mesure locale et ramenée à l'hectare?

La pâture et le regain paient ordinairement le fauchage et le fanage. Établissement des prairies artificielles, 25 francs par hectare.

72. Cultive-t-on dans la contrée d'autres plantes destinées à la nourriture des animaux, telles que choux, betteraves, navets, carottes, etc.?

Quelle est l'étendue relative des terres employées à ces cultures? Quels sont leur rendement moyen et les frais qui leur incombent?

Voir les réponses faites précédemment.

Étendue des terres employées à ces cultures : un huitième. Frais : 300 fr. par hectare.

Les navets et les choux représentent 6,300 kilog. de foin sec ; les betteraves un peu davantage ; les carottes n'occupent qu'une étendue sans importance.

73. A-t-il été donné depuis un certain nombre d'années un développement sensible aux cultures fourragères et dans quelle proportion?

Ces cultures restreintes il y a trente ans, ont sensiblement augmenté.

74. Quel est le rendement moyen des terres cultivées en plantes fourragères des diverses espèces, trèfle, luzerne, sainfoin, betteraves, choux, etc., etc.?

Le trèfle, le sainfoin et la luzerne donnent à peu près le même rendement que les bonnes prairies, de 3,000 à 3,500 kil. de fourrage sec.

Un hectare de choux et de navets donne en vert six fois au moins cette quantité, mais représente en sec une valeur égale de 6,300 kil. de foin.

75. Quel est le prix de vente de ces produits?

Dans les fermes, tous ces produits sont consommés sur les lieux, à moins d'une permission expresse du propriétaire. La moyenne du prix du foin des prés détachés est de 50 fr. les 1,050 kilog.

§ 15. *Animaux.*

76. Quels sont, pour les animaux de chaque sorte : chevaux, mulets, ânes, bœufs, vaches, veaux, moutons, porcs, les frais de toute nature que le cultivateur a à supporter pour dépenses d'achat, d'élevage, de nourriture, d'entretien, d'engraissement, etc.? A quels prix les animaux de chaque espèce lui reviennent-ils et à quels prix se vendent-ils?

Une réponse détaillée pour chaque animal est difficile à donner. L'élevage et l'engraissement des bestiaux entrent pour une partie considérable dans les produits de la ferme. Cette production est la seule rémunératrice dans les années d'abaissement du prix des céréales.

77. Y a-t-il amélioration dans la quantité et la qualité des animaux? Quels changements se sont opérés à cet égard depuis trente ans, soit par le choix des races, soit par leur perfectionnement, soit par de meilleurs procédés d'élevage et d'engraissement?

Amélioration réelle dans la race chevaline ; moins sensible dans l'espèce bovine. On n'en signale pas dans les autres races.

Les sons de boulangerie et de minoterie sont consommés dans le pays.

78. Quelles facilités nouvelles l'extension des cultures fourragères, sur les points où elle a été constatée, a-t-elle procurées pour l'élevage du bétail et la production des engrais?

Achète-t-on pour les animaux des aliments non fournis par l'exploitation?

L'extension des cultures fourragères a amélioré l'élevage des bestiaux.

Un peu de son et de recoupe.

79. Existe-t-il un écart trop élevé entre le prix du bétail sur pied et celui de la viande au détail? A quelle cause doit-on attribuer cet écart?

La viande se vend 0,80 à 0,90 le kilog., que le boucher revend 1 fr. 20 à 1 fr. 30. Cet écart s'explique en dehors du canton par la taxe de l'octroi, la diminution sur les cuirs et les suifs due à l'abolition des droits protecteurs par la loi de 1861 et la plus grande consommation.

80. Quel parti les cultivateurs tirent-ils des autres produits provenant des animaux de la ferme, tels que les laines, le beurre, le lait, les fromages, etc.?

Peu considérable. Presque tous les produits sont employés au besoin de la ferme; le reste se vend au marché de la commune.

81. Quelles ressources les cultivateurs trouvent-ils dans l'élevage de la volaille?

Peu importantes.

§ 16. *Céréales.*

82. Quelle est, dans la contrée, l'étendue des terres cultivées en céréales des diverses espèces?

Le froment, comme nous l'avons dit, a fait disparaître le seigle et le méteil. Sa culture occupe dans le canton 7,687 hectares en moyenne.

En orge, 388.

En avoine, 1,622.

83. Quels sont, pour chacune de ces céréales, les frais de culture d'un hectare de terre, ou de la mesure employée dans la localité et dont le rapport avec l'hectare sera indiqué?

Froment, 220 fr. pour les frais de culture.

Orge et avoine, 100 fr.

84. Quel est le détail de ces différents frais :

Pour les labours.	20 fr.	
Pour le hersage.	5	
Pour le roulage		
Pour le coût des semences . . .	45	
Pour le prix de l'ensemencement. .	} 85	
Pour les façons d'entretien . . .		
Pour la moisson.		
Pour la rentrée des grains. . . .	} 65	
Pour le battage, nettoyage, etc . .		
Total . . .	220	

y compris l'engrais étranger, mais non compris les impôts, le prix de fermage, l'entretien et l'usure du matériel, l'intérêt de la mise de fonds et des avances, ajoutés ci-dessous :

Fermage	65	} p. hectare
Impôts.	6	
Entretien et usure du matériel .	10	
Intérêts du capital engagé . .	20	
Frais de culture	220	
Total. . . .	321	

Si l'on compare les chiffres avec le produit d'un hectare en froment, soit 18 hecto ou 90 doubles-décalitres d'une valeur à 3 fr. 50 de 315 fr.

3 fr. 70 de 333 fr.

4 fr. de 360 fr.

on peut s'assurer que le cultivateur ou le fermier est en perte toutes les fois que le froment descend au-dessous de 3 fr. 50 le double-décalitre.

85. Quel est le rendement par hectare pour chacune de ces espèces de céréales depuis dix ans?

Froment, 18 hectolitres, proportion peut-être exagérée.

Orge et avoine, 20 hectolitres.

86. La production des céréales de chaque espèce a-t-elle augmenté dans une proportion sensible depuis trente ans? S'il y a eu augmentation, à quelles causes doit-elle être particulièrement attribuée? L'importation d'espèces nouvelles de céréales donnant un rendement plus considérable a-t-elle contribué dans une mesure un peu importante aux progrès de la production?

Le rendement des céréales a plutôt diminué qu'augmenté; il y a cependant plus de blé parce que l'étendue des terres ensemencées est plus considérable. Un dixième environ.

87. Quels ont été les prix de vente des diverses espèces de céréales et les variations que ces prix ont pu subir depuis dix ans?

Moyenne du prix de vente dans le canton :

de 1856 à 1860, 21 fr. 50 l'hecto.

de 1861 à 1865, 17 fr. l'hecto.

Bénéfice pour les cinq premières années, 66 francs, représentant la juste rémunération due au travail et à l'industrie du cultivateur chef de famille.

Nulle rémunération et perte brute pour les cinq dernières années depuis qu'un droit illusoire est appliqué aux blés étrangers, et les mesures du libre échange, — 15 fr. de perte par hectare ensemencé. — Cet état de chose ne peut se prolonger sans amener la ruine de l'agriculture. Un droit protecteur et fixe de 1 fr. 50 à 2 fr. par hecto de blé étranger, peut seul apporter le remède. Ce chiffre est le plus modéré que le gouvernement puisse adopter.

88. L'emploi des épargnes du cultivateur à la formation de petites réserves de grains est-il aussi fréquent que par le passé?

Le fermier est dans l'impossibilité d'établir des réserves de grain, et la petite propriété consomme ce qu'elle récolte ; la difficulté de conservation des céréales et la nécessité de faire de l'argent pour payer le fermage de son exploitation, s'y opposent.

89. La qualité des différentes sortes de céréales s'est-elle améliorée par suite d'une culture plus soignée? Le poids d'une mesure déterminée de grains de chaque espèce s'est-il accru depuis trente ans et dans quelles proportions?

Le seigle, comme nous avons dit, a remplacé partout le froment ; mais il est constant que le poids d'un boisseau, par exemple, a diminué depuis l'extension des diverses cultures.

90. Quel parti les cultivateurs tirent-ils de leurs pailles? Quelle est la portion qu'ils utilisent dans leur exploitation et celle qu'ils peuvent livrer à la vente?

Elles sont consommées sur le lieu ; les petits cultivateurs et fermiers de terres volantes peuvent seuls en vendre une certaine quantité.

§ 17. *Cultures alimentaires autres que les céréales proprement dites.*

91. Quelle est, dans la contrée, l'étendue des terres cultivées en plantes alimentaires autres que les céréales proprement dites?
En pommes de terre?
En légumes secs?
En légumes frais?

Les pommes de terre ne sont cultivées que pour la nourriture de la famille, l'engraissement des cochons et quelquefois des bêtes à cornes.

Deux communes du canton, Brissac et Quincé, font seules un commerce de légumes.

92. Quels sont, pour chacun de ces produits, les frais de culture d'un hectare ou d'une mesure de terre déterminée et ramenée à l'hectare?

Quel est le détail des différents frais pour chaque nature de produits?

La culture des légumes rentre dans le jardinage et ne donne qu'un produit peu considérable.

93. Quel est le rendement de chaque produit? Quelles sont les variations que ce rendement a pu éprouver depuis dix ans?

Le produit des pommes de terre est ordinairement de 7 hectol. à l'hectare. Le prix varie de 2 fr. 50 à 5 fr. l'hectol.

94. Quels sont les prix de vente de chaque produit et les changements que ces prix ont pu subir aussi depuis dix ans?

Les haricots secs suivent généralement le prix du blé.

95. Leur production a-t-elle varié d'importance, et pour quelles causes?

Leur production restreinte aux besoins de la famille a peu varié.

§ 18. *Cultures industrielles.*

96. Quelle est l'étendue des terrains cultivés en plantes industrielles de toute nature?

En betteraves?

En graines oléagineuses, colza, navette, œillette, cameline et autres?

En plantes textiles, chanvre, lin, etc.?

En tabac?

En houblon?

En plantes tinctoriales, garance, safran, etc.?

Le tabac n'est pas cultivé dans le canton, pas plus que le houblon et la garance.

La culture des betteraves, qui tend à s'étendre, peut occuper la centième partie du sol pour l'engraissement des bestiaux. Chaque fermier ou petit propriétaire sème le lin nécessaire pour renouveler la toile de ménage. Dans les terres légères du nord du canton, les fermiers intelligents cultivent le colza avec succès.

97. Quels sont, pour chacun de ces produits, les frais de culture par hectare ou par mesure locale ramenée à l'hectare?
Quel est le détail des différents frais pour chaque nature de produits?

Les frais de culture du colza sont à peu de chose près les mêmes que ceux de la culture du froment.

98. Quel est le rendement de chaque produit et les variations que ce rendement a pu éprouver depuis dix ans?

Rendement du colza par hectare : de 15 à 18 hectol.

99. La production de chacune de ces cultures industrielles s'est-elle développée ou s'est-elle amoindrie? A quelles causes doit-on attribuer l'augmentation ou la diminution?

La production est restée sédentaire.

100. Quels sont les prix de vente de chaque produit et les variations que ces prix ont pu subir depuis dix ans?

Le colza se vend généralement 5 fr. le double décalitre ; la betterave ne se vend pas et sert ainsi que la pomme de terre à la nourriture d'hiver des bestiaux. Nous n'avons dans le canton ni sucrerie, ni distillerie.

§ 19. *Sucres indigènes et alcools.*

101. Quelle est l'importance de la fabrication des sucres indigènes dans la contrée?

Nulle.

102. La production des alcools y joue-t-elle un rôle considérable ?

Nulle.

103 Quels ont été les progrès réalisés dans ces deux industries?

Idem.

§ 20. *Vignes.*

104. Quelle est, dans la contrée, l'étendue des terres cultivées en vignes?

La culture de la vigne y a-t-elle reçu de l'extension depuis dix ans?

La culture de la vigne n'a cessé de s'accroître et s'étend dans le canton sur 2,593 hectares. La grande commune de Faye lui doit sa richesse, ainsi que les communes de Thouarcé, Chavagnes, St-Lambert, Chanzeaux, Le Champ, Beaulieu, Rablay et Faveraye. Les vins blancs de ces diverses localités sont excellents, et étaient autrefois très-recherchés par la Hollande. Ils se vendent aujourd'hui un peu partout, mais principalement dans le bas Maine et la Bretagne.

105. Quelles sont les modifications qui ont pu être apportées depuis trente ans à cette culture?

Quelles sont les causes de ces modifications?

La culture de la vigne a peu varié.

Peu de modifications étaient nécessaires.

106. Quelles sont les principales espèces cultivées et quelle est la nature et la qualité des vins récoltés?

Le pineau blanc est le cépage de tous les bons crus. Dans les communes du nord du canton, on cultive des cépages rouges de qualité inférieure, mais qui donnent des récoltes doubles au moins.

107. Des progrès ont-ils été réalisés, soit par un meilleur choix des cépages, soit par des améliorations introduites dans les procédés de culture?

Les cépages sont appropriés au sol; mais la culture, par suite du manque de bras, se fait trop à la hâte et laisse beaucoup à désirer.

108. Les procédés de fabrication des vins se sont-ils améliorés?

La fabrication du vin s'est améliorée.

109. Quels sont les frais de culture des terres plantées en vignes, soit par hectare, soit par mesure locale dont le rapport avec l'hectare serait indiqué?

Quel est le détail des divers travaux que nécessite la culture de la vigne et des frais auxquels donne lieu chacun de ces travaux?

Les frais de culture des terres plantées en vignes sont de 75 fr. à l'hectare, à quoi il faut ajouter les frais de vendange.

Quelques propriétaires au nord du canton commencent à cultiver leurs vignes à la charrue. Il y a en outre les frais que nécessitent la confection et le transport des terraux destinés à fumer les vignes, environ 50 fr. par hectare; le bois paye la taille.

110. Quel est le rendement par hectare ou par mesure locale des terres plantées en vigne et quelles sont les variations que ce rendement a éprouvées depuis dix ans?

Pour les vins de choix, la moyenne est de 12 à 15 hectol.; pour les petits vins rouges ou blancs du nord du canton, elle est souvent de 30 hect. et plus.

111. Quels sont les prix de vente des vins et quels changements ont-ils subis depuis dix ans?

Le placement des vins des diverses qualités est-il plus ou moins facile que par le passé?

Les prix ont peu varié: les bons vins se vendent en

moyenne 30 fr. l'hect. ; les petits vins à peine 10 fr. Leur placement est facile.

§ 21. *Culture des arbres à fruits.*

112. Quelle est l'importance de la culture des pommiers et des poiriers à cidre?

A peu près nulle.

113. A quels frais donne lieu cette culture dans une exploitation d'une étendue déterminée et quels profits en tire le cultivateur?

Idem.

114. Quelle est l'importance des plantations d'oliviers, de noyers, d'amandiers, etc.

Nulle.

115. Quels sont les frais, quel est le rendement de ces cultures dans une exploitation d'une étendue déterminée?
Quels sont les prix de vente des produits?

Idem.

116. Quelle est l'importance de la culture des fruits destinés à l'alimentation et qui sont consommés frais ou conservés?

Ils sont consommés dans le pays.

117. Quels sont les frais de culture et le rendement, pour une exploitation d'une étendue donnée, des pruniers, abricotiers, pêchers, cerisiers, poiriers, pommiers, etc.?

Idem.

118. Quels sont les prix de vente des produits qui en proviennent et quelles modifications favorables à l'agriculture ont eu lieu depuis un certain nombre d'années dans la manière de tirer parti de ces divers produits?

Voir la réponse à la question 116.

§ 22. *Sériciculture.*

119. Dans les pays adonnés à la sériciculture, quelles sont actuellement les conditions de la culture des mûriers et de l'éducation des vers à soie?

Néant.

120. Quelles différences existent, à cet égard, entre l'ancien état de choses et la situation actuelle?

Idem.

121. Quelle est la diminution de revenu causée dans la contrée par la maladie des vers à soie?

Idem.

122. Quelles réductions ont eu lieu, pour cette cause, dans le nombre et dans l'importance des établissements spécialement affectés à l'éducation des vers à soie ou annexés aux exploitations rurales?

Idem.

§ 23. *Proportion des cultures et des produits cultivés.*

123. Quelle est, dans la contrée, la proportion des recettes brutes en argent que donne chacun des produits ci-dessus énumérés ?

Étant donnée une ferme de trente hectares, nous donnerons ici les résumés des dépenses et des recettes :

DÉPENSES :

Fermage à 60 fr. l'hectare		1800f
A prélever pour nourriture de la famille, 40 hect.	680	1030
Lard, 500 livres à 0,50 c.	255	
En sus pour menues dépenses . . .	100	
A Reporter.		2830f

Report. . . . 2830 f

Non compris le lait, beurre, boisson, œufs, fruits et légumes.

Soit pour huit personnes, 1,030 fr., chiffre à peine suffisant avec les menues denrées de la ferme, car il ne représente que 128 fr. 75 cent. par tête.

Main-d'œuvre, gages de domestiques, trois hommes, une servante, un domestique d'été. . 1200

Impôts à 6 fr. l'hec. 180

Semences de froment, 0,50 c. par double-décalitre de plus que le prix du froment; pour huit hectares, 80 doubles-décalitres à 4 fr. 25. . . 340

Engrais étrangers, chaux, noir, etc. . . . 360

Semences d'orge et d'avoine pour 2 hectares, 20 doubles-décalitres. 40

Vesceau, 15 doubles-décalitres à 4 fr. . . 60

Graine de trèfle, de lin et autres semences . . 60

Usure et entretien du matériel. 150

Intérêt du capital de 8,000 fr. à 5 pour cent. 400

A prélever pour l'écurie et l'étable, 10 hect. d'avoine à 9 fr 90

Entretien de la famille, éventualités. . . . 600

Total. . . . . 6010 f

RECETTES :

Rendement vendable de 8 hect. de froment à 18 hect. ; prix moyen des cinq dernières années, 17 fr 2448

Orge, avoine, graine de lin, de trèfle et de vesceau, moyenne éventuelle 800

A Reporter. . . . 3248 f

Report. . . .	3248 f
Produit des porcs	500
Effouilles diverses, vaches, veaux, poulains, moutons, volailles.	600
Produit des bœufs d'élève ou d'achat . . .	1600
Total.	5948 f

D'après ce résumé, qui nous paraît aussi exact que possible, les dépenses dépasseraient les recettes de 158 fr. Ce déficit est évidemment dû à l'avilissement du prix du blé, car nous ne croyons pas avoir exagéré les dépenses ni diminué les recettes. Il peut avoir été fait des oublis de détail, mais ils changent peu le résultat général qui constate jusqu'à l'évidence le malaise de l'agriculture.

124. Quelle est cette proportion pour une exploitation prise comme type ordinaire du pays?

Voir la réponse précédente.

III.

CIRCULATION ET PLACEMENT DES PRODUITS AGRICOLES. — DÉBOUCHÉS.

125. Quelles facilités et quels obstacles rencontrent l'écoulement et le placement des produits agricoles de la contrée, leur circulation et leur transport?

Le placement des produits agricoles du canton est toujours facile.

126. Quels sont les débouchés qui leur sont déjà ouverts et ceux qu'il serait possible de leur ouvrir encore?

Angers et Nantes pour les céréales; le département

de la Mayenne pour les vins. La Loire et les chemins de fer rendent le transport facile.

127. Quels progrès la viabilité y a-t-elle faits depuis un certain nombre d'années, en remontant à trente ans au moins?

Progrès considérables : d'abord le canton est traversé par une route impériale, trois routes départementales et plusieurs chemins de grande communication, sans compter un certain nombre de chemins d'intérêt commun. Tous les bourgs sont reliés par des chemins vicinaux à l'état d'entretien pour la plus grande partie; les excellents effets de la loi de 1836 sont incontestables.

128. Quelle a été l'étendue des voies de communication nouvellement créées et l'importance des améliorations apportées à celles qui existaient?

Route impériale d'Angers à Cholet, étendue sur le canton	12,500 m.
Route stratégique de St-Lambert à Champtoceaux	2,500
Route départementale de Brissac à Doué.	10,000
De Brissac à Martigné	10,500
De Brissac à Faye, par Vauchrétien . .	9,000
Même route, d'Allençon à Thouarcé. .	4,600
Chemin de grande communication de Rochefort à Bonnezeaux	12,500
De Thouarcé à Vihiers, par Gonnord .	7,000
De Chalonnes à Vihiers, par Chanzeaux, Joué et Gonnord, chemin d'intérêt commun	14,000
De Chanzeaux à Thouarcé, par Le Champ	12,500
De Beaulieu à Joué, par Le Champ et Rablay	12,000

De St-Lambert à Rablay . . . . . 4,500 m.
De Gonnord à Chemillé. 3,800

De toutes ces routes, la route impériale d'Angers à Cholet et la route départementale de Brissac à Doué, traversaient seules le canton en 1830; plusieurs étaient à l'étude, mais n'étaient pas même tracées.

129. Quelles ont été les lignes de chemins de fer construites et mises en exploitation ?

Aucune ne traverse le canton; la plus voisine est la nouvelle ligne d'Angers à Cholet.

130. Quels travaux, pour la création de voies nouvelles ou l'amélioration des voies existantes, ont été faits en ce qui concerne les routes impériales ?

En dehors de l'entretien ordinaire, aucun travail n'a été fait sur la route impériale d'Angers à Cholet dans la traverse du canton. Mauvais entretien; amélioration instamment demandée.

131. Mêmes questions pour les routes départementales.

Voir la réponse au n° 128.

132. Mêmes questions pour les chemins de grande communication ?

Idem.

133. Mêmes questions pour les chemins vicinaux ?

Idem.

134. Mêmes questions pour les chemins ruraux et d'exploitation ?

Peu de travaux ont été exécutés sur les chemins ruraux et même sur les chemins classés comme vicinaux, qui ne vont pas de bourg à bourg. Cependant l'importance de ces chemins est énorme pour l'agriculture.

A quoi bon les grandes lignes, si les chemins qui y conduisent sont impraticables? Il serait à désirer qu'une partie plus considérable de prestations fût appliquée à ces routes au lieu d'être centralisée sur l'avis des conducteurs cantonaux; le tiers et même la moitié des prestations devrait leur être appliqué.

135. Mêmes questions pour les fleuves, rivières et canaux.

Le Layon, anciennement canalisé, l'Hyrôme et quelques autres petits ruisseaux traversent seuls le canton. Aucun de ces cours d'eau ne peut servir aux transports. Quand aux ruisseaux et rivières non navigables, nous ne pouvons que renouveler nos instances pour que l'interprétation de la législation séculaire, qui les a toujours considérés comme la propriété des riverains, leur soit rendue.

136. Quelle est la direction donnée aux divers produits agricoles de la contrée et quelles variations cette direction a-t-elle éprouvées depuis trente ans?

Nos blés sont dirigés sur Nantes et Angers; nos bestiaux sur Paris et Rouen.

137. La facilité et la rapidité plus grandes des communications ont-elles, depuis un certain nombre d'années, donné de l'extension aux expéditions des produits agricoles à des distances éloignées?

Elles ont facilité le transport de la chaux, des engrais, du grain et des bestiaux.

138. Quels sont ceux de ces produits qui ont plus particulièrement pris part à ce mouvement?

Voir 137.

139. Quels progrès serait-il possible de réaliser encore à cet égard?

Amélioration des chemins ruraux et de petite vicinalité.

140. Quelle influence le perfectionnement des voies de communication a-t-il exercée sur le prix de revient des produits agricoles?

Les produits agricoles, excepté le blé et les autres céréales, ont augmenté successivement d'un tiers.

141. La facilité des communications a-t-elle eu pour effet de niveler les prix et de faire disparaître les inégalités souvent considérables qui existaient à cet égard d'une contrée à une autre? Ne serait-ce pas par ce motif que l'on peut expliquer que, dans certaines contrées où les récoltes ont mal réussi, les prix restent à un taux peu élevé, tandis qu'ils se maintiennent à un chiffre rémunérateur dans des pays où les récoltes ont été surabondantes?

La vue des mercuriales des halles et marchés et la pratique la plus élémentaire du commerce, donnent la preuve du nivellement général des prix. La différence provient des frais de transport jusqu'aux centres de population.

142. Quelle comparaison peut-on établir sous ce rapport entre l'ancien état de choses et la situation actuelle?

Les écarts considérables de prix qui existaient avant la facilité et la rapidité des communications, ont cessé.

143. Quels sont les frais de transport que les produits agricoles ont à supporter pour être dirigés des lieux de production sur les lieux de consommation?

Des principales communes du canton,

à la Loire,	0,37,5	l'hectolitre de grains.
à Angers,	0,50	id.
à Nantes,	0,60	id.

Le transport des bœufs ou vaches coûte des principales communes sur Paris, 15 fr.

Sur la Normandie, 8 fr.

144. A combien s'élèvent ces frais sur les chemins de fer ? Quels sont les prix des tarifs et les autres dépenses accessoires ?

Voir le n° 143.

145. Quelles sont les dépenses des transports par les routes de terre ?

Pour les bestiaux, à peu de chose près les mêmes que par les voies ferrées ; sans la rapidité des communications qui permet d'arriver à heure fixe, les marchands auraient continué de suivre les anciennes routes avec leurs bandes de bœufs.

146. Quels sont les frais de transport par les voies navigables ? Quelle peut être particulièrement l'influence exercée sur les débouchés par les droits de navigation intérieure perçus sur les fleuves, rivières et sur les canaux appartenant à l'Etat ou exploités par voie de concession ?

Les droits de navigation intérieure retombent par le fait sur le producteur. La route de terre est libre, pourquoi la route d'eau ne l'est-elle pas ? Le Comice émet le vœu que les droits soient supprimés aussitôt que l'état du budget le permettra.

IV.

LÉGISLATION. — RÈGLEMENT. — TRAITÉS DE COMMERCE.

147. Les grains importés de l'étranger sont-ils venus depuis quelques années faire concurrence aux grains indigènes sur les marchés de la contrée? Dans quelle mesure? Quels ont été les effets de cette concurrence?

Aucun grain étranger n'a pénétré dans le canton.

148. Quelle part la contrée a-t-elle prise au mouvement d'exportation des céréales françaises à destination de l'étranger? Si des expéditions de ce genre ont eu lieu, quel en a été l'effet?

Nous avons dit qu'une partie de nos grains est dirigée sur Nantes; ils sont achetés par des négociants qui les vendent sur les lieux ou les exportent dans le midi ou à l'étranger. Il nous faudrait avoir sous les yeux les livres de la douane de Nantes pour répondre à cette question.

149. Quels ont été les effets produits par la suppression de l'échelle mobile, et quelle est l'influence de la législation qui régit aujourd'hui notre commerce d'importation et d'exportation des grains avec l'étranger depuis la loi du 15 juin 1861?

L'échelle mobile, à l'époque où elle fut votée, était une loi sage et protectrice de notre agriculture. Depuis que la France est entrée dans d'autres voies économiques, depuis surtout qu'elle est sillonnée de voies ferrées, cette loi n'avait plus sa raison d'être; nous ne désirons donc pas qu'elle soit rétablie. Un droit de 1 fr. 50 à 2 fr. par hectolitre, représentant à peine les charges qui pèsent sur notre agriculture, et que n'ont pas à supporter les pays producteurs qui nous envoient leurs blés, est la protection, ou plutôt la justice, que nous demandons.

« La moyenne du prix de l'hect. dans la France entière, pour les quinze années de 1846 à 1860, a été de 21,82. Subitement, par l'effet de la loi de 1861, elle est tombée à 18,62 pour les cinq dernières années de 1861 à 1865. » Rapport au congrès des sociétés savantes par le marquis d'Andelarre, député au Corps législatif, dont la parole et les écrits font autorité.

Nous avons vu que cette moyenne était descendue dans notre canton, pendant ces mêmes années, à 17 fr.

Ce résultat, après avait amené la gêne des fermiers et des propriétaires, entraînerait leur ruine s'il se prolongeait. Malgré la diminution des anciens droits, l'industrie est protégée dans presque toutes ses branches; par quelle anomalie l'agriculture, qui fait vivre vingt-six millions de Français, n'obtiendrait-elle pas la même justice?

150. Quelle influence attribue-t-on aux opérations d'importation temporaire des blés étrangers pour la mouture et de réexportation de farines, et à l'application des réglements spéciaux relatifs à ces opérations, notamment en ce qui concerne les acquits-à-caution?

Les acquits à caution ne sont qu'un moyen d'éluder le minime droit d'entrée et de frauder le fisc. En 1865, sur deux millions de quintaux importés, quarante-quatre mille seulement ont payé le droit d'entrée. Le Comice exprime le vœu de leur suppression, ou au moins de l'obligation rigoureuse de réexpédier en farine par le port d'entrée.

151. Quelle a été, dans la contrée, l'importance des quantités de blé étranger introduites pour la mouture? Quelles ont été les quantités de farines exportées en représentation des blés étrangers admis pour la mouture? Quel effet ces opérations ont-elles pu avoir sur le cours des grains?

Nulle dans le canton.

152. Quelle action ont pu exercer les traités de commerce conclus avec diverses puissances étrangères au point de vue du placement, des prix de vente et des débouchés extérieurs des divers produits agricoles, savoir :

Les céréales ?
Les vins et spiritueux ?
Les sucres indigènes ?
Le bétail ?
Les laines ?
Les beurres et fromages ?
Les volailles et les œufs ?
Les légumes et les fruits frais ?
Les graines oléagineuses ?
Les plantes textiles ?
Les plantes tinctoriales, etc., etc. ?

Action calamiteuse pour les céréales et moins avantageuse pour les vins qu'elle semblait devoir l'être.

Le prix des bestiaux s'est maintenu.

Le comice n'est pas en mesure de donner des chiffres rigoureux sur les autres articles. Cependant, si le rapport du marquis d'Andelarre au congrès des sociétés savantes est exact, « l'importation, céréales non comprises, des divers produits agricoles, chevaux, mulets, gibiers, volailles, viande, fromages, beurre, alcools, laine, dépasse en 1865 les exportations de 162,291,488 f. » somme énorme qui prouve jusqu'à l'évidence que les résultats de la loi de 1861, même en excluant son application aux céréales, n'ont pas été profitables à l'agriculture.

153. Quelle influence ces mêmes traités ont-ils pu avoir sur les prix de vente et de location des terres qui sont à portée de profiter des nouveaux débouchés extérieurs qu'ils ont créés ?

Il est évident, d'après la solution donnée aux questions précédentes, que le prix de location et de vente des terres s'abaisserait dans une proportion notable, si l'état actuel se prolongeait de quelques années.

154. Quel a été l'effet de ces traités sur l'importation étrangère, et, par suite, sur le prix de revient des matières premières servant à l'agriculture, notamment :

Les fers, et, par suite, les machines agricoles et les instruments aratoires?

Les engrais ou autres substances servant à l'amendement des terres ?

Les étoffes et les vêtements, etc., etc. ?

Le prix du fer destiné aux instruments aratoires a légèrement diminué.

Les engrais se vendent le même prix, ainsi que les étoffes dont se composent les vêtements des laboureurs.

V.

QUESTIONS GÉNÉRALES.

155. Quels sont, dans la législation civile et générale, les points auxquels il paraîtrait y avoir lieu d'apporter des modifications que l'on considérerait comme utiles à l'agriculture ?

Une plus grande latitude donnée au père de famille dans la législation sur les partages, sans toucher cependant à la quotité disponible, de manière à lui permettre de conserver au fils qu'il désignerait, l'héritage et la maison paternelle, l'usine, le moulin ou la boutique, en dédommageant en argent les autres enfants ; cette mesure empêcherait en beaucoup de cas le morcellement indéfini de la propriété et les frais considérables de la licitation forcée.

Simplifier, en diminuant des frais exagérés, les ventes des débiteurs insolvables.

Intervention du conseil de famille plus fréquente et plus étendue d'attributions dans les affaires des mineurs, spécialement pour le partage et l'aliénation des petites propriétés, dans le but d'éviter les frais inutiles de justice.

Extension de la juridiction des juges de paix dans les contestations rurales.

Intervention plus fréquente de ces mêmes juges pour attribuer aux vieux parents des secours alimentaires.

Nous avons besoin d'expliquer ici notre pensée : la loi humaine, d'accord avec la loi de Dieu, prescrit aux enfants de donner dans la limite de leur avoir, à leurs père et mère pauvres et infirmes, des moyens d'existence. Les juges de paix et les tribunaux ont qualité pour fixer le chiffre de ces pensions alimentaires quand elles sont réclamées par les parents. Voici le droit ; mais comment en réalité les choses se passent-elles ?

Forcé pour obtenir le secours le plus léger d'assigner ses enfants et de les traîner en justice, un malheureux père aime mieux souffrir toutes les angoisses de la misère et de la faim que d'en venir à cette extrémité. A peine un sur cent se décidera à cette mesure extrême ; le pauvre vieillard continuera d'être logé dans un bouge, souvent sans lumière et sans feu, à peine vêtu, mal nourri, sans exprimer une plainte.

Le Comice voudrait que les membres du bureau de bienfaisance, y compris le maire et le curé, pussent se mettre à la place des parents, et réclamer auprès du juge de paix une pension alimentaire pour tous les vieillards assistés par le bureau, ayant des enfants en position de leur venir en aide. Ces secours seraient touchés en cas de refus par le percepteur lui-même, qui pourrait saisir au besoin les gages et les revenus des enfants, jusqu'à la concurrence de la somme fixée par le juge de paix. Dans les communes rurales où tous se connaissent, rien ne serait plus facile que l'exécution de cette mesure, et les obstacles dans les villes ne seraient pas insurmontables ; on épargnerait ainsi à l'assistance publique des sommes considérables, au grand profit de la religion, de la morale et de la justice. Le Comice supplie le Gouvernement d'étudier cette grande question ; nous ne croyons pas établir un chiffre trop élevé en affirmant que deux cent mille pauvres vieillards seraient ainsi assistés, secourus et nourris chaque année par des enfants qui, aujourd'hui, oublient les devoirs les plus sacrés et dépensent leur argent au jeu, dans les cabarets et les lieux de débauche.

156. Quels sont, dans la législation fiscale, les points auxquels il paraîtrait y avoir lieu d'apporter des modifications que l'on considérerait comme utiles à l'agriculture ?

Réforme complète des droits et des formalités de succession.

L'extrait suivant du livre la *Réforme sociale*, par M. Le Play, président de section au conseil d'État, suffira pour en faire sentir la nécessité :

« C. journalier-propriétaire, veuf depuis 1840, meurt

en 1844 laissant quatre enfants en bas âge. Son immeuble, libre de toutes dettes, jardin, petit champ et maison, avait une valeur de 900 fr.

Prix de vente faite dans des conditions défavorables. . . . . 725 f. »

Frais de succession, d'inventaire, sommes prélevées par l'enregistrement et les officiers ministériels . . . . 667 f. 10 } 709 10

Frais de maladie et d'inhumation du père 42

Héritage resté aux quatre mineurs . . . 15 f. 90

« Il n'est pas un homme d'affaire, ayant un cœur d'honnête homme, qui ne déplore que pour la vente d'un immeuble de mineur d'une valeur s'élevant jusqu'à trois mille francs, les frais et formalités absorbent de 30 à 100 pour cent. »

Droit de succession et de donation ne dépassant jamais le droit de vente, 6 pour cent. Le droit de succession et de donation avec les décimes, s'élève en beaucoup de circonstances à près de 11 fr.

Droit fixe sur le revenu net et non comme à présent *sur l'impôt*, qui entre dans les coffres de l'État, et sur les dettes dûment constatées qui grèvent l'immeuble.

Retour au droit fixe de 1 fr. pour toutes les donations ou fondations charitables, comme sous l'ancien régime, la république, le premier empire et la restauration ; le droit est aujourd'hui de 10 pour cent.

Retour à la loi de juin 1824, qui abaissait à 1 fr. les droits d'échange des propriétés contiguës.

Réforme si désirée, toujours promise et toujours attendue du régime hypothécaire.

En présence des besoins du trésor, nous ne demandons pas que l'État revienne à la loi de frimaire, an VIII, qui fixait à 4 fr. sans décime les droits de vente ; nous ne demandons pas non plus que les enfants et petits-enfants ne payent rien, comme à Rome, à la mort du père et de l'aïeul, sur ce magnifique motif que « *si l'homme meurt, la famille est immortelle* » (législation romaine). Mais nous croyons contraire à tous les intérêts et à tous les principes d'un bon gouvernement, que les droits de mutation puissent s'élever à près de trois années de revenu, ce qui contraint souvent l'héritier à aliéner une portion de la succession, et donne ce résultat qu'au bout de deux ou trois transmissions, l'État a touché en entier la valeur de l'immeuble.

157. Quelles sont les autres causes générales qui ont pu influer dans un sens favorable ou nuisible sur la prospérité agricole ?

L'exagération en temps de paix du contingent militaire, porté de 60,000 hommes à 100,000 et 140,000, fait contribuer l'agriculture pour les trois quarts à l'impôt du sang. La moitié au moins de nos jeunes soldats ne reprend plus le travail de la terre.

La dépréciation du prix de vente du blé et de certains produits du sol.

L'élévation exagérée de la main-d'œuvre.

Les emprunts et émissions industrielles à primes, véritables loteries qui devraient être prohibées par la loi, et qui enlèvent de nombreux capitaux à la terre.

La suppression quand l'état des finances le permettra de l'impôt sur le sel, du droit d'entrée sur les guanos et autres engrais destinés à l'agriculture.

Le mauvais état des chemins de petite vicinalité. Voir la réponse au n° 134.

Réglementation mais non pas suppression du glanage.

158. Quelles sont les causes secondaires qui pourraient créer des obstacles plus ou moins sérieux au libre développement de cette prospérité ?

Le maintien, que nous ne pouvons prévoir, du *statu quo*, malgré les justes réclamations consignées dans l'enquête.

Dans les communes rurales, le nombre exagéré des cabarets mal famés où les domestiques de ferme et même les pères de famille perdent souvent des sommes relativement considérables, et s'enivrent tous les dimanches.

159. Les réunions commerciales, telles que les foires et marchés, destinées à la vente des produits agricoles, sont-elles en nombre insuffisant, ou sont-elles, au contraire, trop multipliées ?

Toute suppression blesserait des droits acquis. Le Comice s'en rapporte à l'administration locale pour les nouvelles créations.

160. Existe-t-il des mesures réglementaires émanant des autorités locales et qui seraient de nature à entraver les transactions ?

L'élévation outre mesure des tarifs d'octroi. A l'exception du grain, il n'est pas un produit du sol nécessaire à la vie qui ne paye aujourd'hui une taxe plus élevée, nécessitée par l'amortissement des emprunts contractés pour solder des travaux presque exclusivement de luxe. Cette fièvre d'embellissements est la principale cause, depuis quinze ans, de l'abandon des campagnes au profit des villes, où deux millions d'ouvriers sont venus demander de l'ouvrage, séduits par l'espérance d'un salaire plus élevé, et n'ont souvent rencontré au lieu de la fortune que déceptions et misère.

161. Quels seraient enfin les moyens les plus propres à améliorer la condition de l'agriculture, et quelles mesures croirait-on devoir proposer dans ce but ?

Représentation de l'agriculture et retour à la loi du 20 mars 1851, qui prescrivait une chambre d'agriculture par département, composée d'un nombre de membres égal à celui des cantons, et un conseil général d'agriculture formé d'autant de membres qu'il y aurait de chambres d'agriculture.

Les chambres de commerce n'ont jamais porté ombrage au gouvernement, par quel motif redouterait-il une chambre d'agriculture ?

Suppression dans une sage limite des charges de l'agriculture compensée par un partage plus équitable de l'industrie aux charges publiques.

Réforme judicieuse de la loi de 1861, dite du libre-échange.

Taxe sur les produits étrangers à leur arrivée en France, proportionnnée aux impôts qui pèsent sur nos produits similaires.

Rétablir l'égalité d'impôt entre nos produits et les produits étrangers n'est pas un acte de protection, mais de rigoureuse justice. Cette mesure serait pour le trésor une source de revenu et faciliterait le dégrèvement du sol.

Agir en sens contraire serait privilége et protection pour l'agriculture étrangère aux dépens de la nôtre. Ce serait dans un temps assez court consommer sa ruine ; un gouvernement sage et éclairé ne peut vouloir ce résultat, il lui appartient au contraire de concilier d'une manière équitable les intérêts de l'agriculture nationale et ceux de l'industrie, et d'augmenter ainsi toutes les sources de richesse du pays.

Ces vœux sont ceux des membres du Comice agricole de Thouarcé, qui les ont adoptés en séance générale le 2 novembre 1866.

Le président du Comice,

Cte DE QUATREBARBES.

ANGERS, IMPRIMERIE P. LACHÈSE, BELLEUVRE ET DOLBEAU.

www.ingramcontent.com/pod-product-compliance
Lightning Source LLC
LaVergne TN
LVHW012000160826
845678LV00002B/650

9782329672298